AF315356

CAMPAGNE DE FRANCE

1870-1871

LES

FEUX LIQUIDES

PROPOSÉS

A M. Gambetta, ministre de l'intérieur et de la guerre,
Au Gouvernement de la défense nationale,
A la Commission d'étude des moyens de défense,
Au général Leflô, ministre de la guerre,

PAR

M PAUL GUYOT

Chimiste

Ex-lieutenant d'état-major du génie

NANCY

IMPRIMERIE SORDOILLET ET FILS

FAUBOURG STANISLAS, 3

1871

TABLE DES CHAPITRES

LES
FEUX LIQUIDES

INTRODUCTION

La malheureuse campagne qui vient de se terminer nous a fait voir que, pour arriver à ses fins, la Prusse n'a reculé devant aucun moyen ; pour elle tout a été bon.

Des villages entiers brûlés de sang-froid ; des villes ouvertes bombardées sans pitié ; des places fortes détruites sans que les remparts aient été attaqués et un assaut livré ; le pillage, le vol et les réquisitions forcées, voilà en peu de mots ce que ces barbares d'Allemagne nous ont donné en échange de la lâcheté de quelques-uns des nôtres et de leurs honteuses capitulations.

Lorsqu'après Sedan, la Prusse manifesta son intention

de nous prendre du territoire et de nous imposer une contribution de guerre excessivement forte, le gouvernement de la Défense nationale qui venait de succéder à l'Empire ne put les accepter et se résolut à poursuivre la lutte à outrance.

Dès lors, pour sauver deux provinces et empêcher la France entière d'être ruinée, on devait opposer à la barbarie et aux ruses de nos adversaires tous les stratagèmes possibles, les moyens donnés par la science, les machines infernales, les piéges que l'on pouvait avoir à sa disposition. En un mot, on devait lutter en désespérés.

Nous l'avions cru, mais il n'en fut pas ainsi ; par un sentiment que nous honorons, mais que nous regrettons, le nouveau gouvernement ne voulut que combattre selon les règles usitées. Il a eu tort, parce que la force brutale l'a écrasé et qu'aujourd'hui (1er mai 1871), un traité de paix est à la veille de se signer et par cet écrit il cédera à l'Allemagne deux de ses provinces les plus françaises dont les enfants ont de tout temps prouvé leur attachement à la grande nation et dernièrement encore, lorsque l'ennemi gardait toutes leurs routes, chemins et sentiers, n'ont pas craint de passer sous ses feux pour aller former des légions dans la seconde capitale de la France ou rejoindre leurs frères dans les armées régulières. Et encore nous ne comptons pas ceux qui ont combattu dans les provinces mêmes et ont contribué à la défense des places de Strasbourg, Phalsbourg, Bitche, Schelestadt, Neuf-Brisach, Metz, Toul, Verdun, Thionville et d'autres encore. Les Alsaciens et les Lorrains, se trouvèrent partout et leur sang a coulé sur tous les champs de bataille ; aujourd'hui ils ne sont plus français de nom, mais ils le restent tous de cœur. Nous leur adressons ici un sympathique au revoir, espérant qu'avant peu d'années, ils reviendront à la nation que les circonstances seules ont forcée d'agir comme elle l'a fait.

* *
*

Nous espérions que tous les moyens seraient bons pour sauver la France : mais nous nous sommes trompé. Après avoir proposé au Gouvernement de la Défense Nationale des feux liquides pouvant servir à brûler les Prussiens, nous avons eu le regret de ne pouvoir les faire accepter pour cet usage.

Dans la dernière guerre, les feux liquides ont été employés avec succès contre les magasins d'approvisionnements de l'ennemi et ses ponts de bois. Ce n'est pas ici le moment de faire l'histoire de ces feux, nous voulons simplement les étudier au point de vue scientifique, les faire connaître et donner les procédés à employer pour la confection des bombes, boulets et obus aux feux liquides.

Nous ferons suivre ces renseignements d'une note sur la dynamite et de la proposition que nous avons faite de son emploi dans les projectiles creux.

Donnons cependant un coup d'œil général sur les feux employés dans l'antiquité et sur les feux contemporains.

1° Des feux dans l'antiquité.

Près de cinq cents ans avant Jésus-Christ, on employait déjà les matières combustibles dans les guerres et principalement pour les siéges. Ces matières étaient de bien des sortes : formées d'abord de substances solides, on fit ensuite entrer dans leur composition des liquides tels que les huiles de lin, de pétrole, de camphre, de la poix bouillante, etc. C'est en les mélangeant dans des proportions variées que l'on put former ces feux dont l'histoire passa à la postérité et donna lieu à ces contes fantastiques dont nous bernent encore quelques écrivains contemporains.

Il ne rentre pas dans le cadre de notre sujet de retracer l'histoire de tous ces feux et des nombreuses préparations auxquelles ils donnèrent lieu, nous renvoyons pour cela le lecteur aux sources suivantes :

1° Virlet, *Mémoires de l'Académie de Metz*, 1851, p. 286. — 2° L. Figuier, *Les merveilles de la science*. — 3ⁿ *Recueil de plusieurs machines militaires et feux artificiels pour la guerre et récréation........*, par Jean Appier dit Hanzelet et François Thybourel, Pont-à-Mousson, 1620. — 4° *La pyrotechnie* de Hanzelet, Lorrain... Pont-à-Mousson, 1630.

Lorsque le lecteur aura compulsé ces travaux, et qu'il aura vu que tous les auteurs tournent dans le même cercle, il remarquera la différence qui existe entre ces feux et ceux qui vont suivre. Simplement formés de substances commerciales, dont quelques-unes n'étaient pas connues il y a cinq siècles, les nouveaux feux que nous allons étudier sont appelés à prendre plus d'extension que les feux de l'antiquité. Les moyens que la science a mis à la disposition de l'artillerie, ouvrent une large voie à cette nouvelle branche industrielle et font espérer qu'avant peu on pourra faire connaître de nouvelles découvertes, fruits des patientes recherches de nos chimistes actuels.

Qu'on se rappelle bien ce que nous disons ici, malgré les protestations des comités et des inspecteurs de l'artillerie, les feux liquides seront employés dans les guerres.

2° *Des feux liquides contemporains.*

En 1854, un anonyme proposa un feu liquide sans phosphore, basé simplement sur l'action bien connue que l'acide nitrique exerce sur l'essence de térébenthine ; la réaction se passe avec dégagement de chaleur et de lumière et fournit des hydrocarbures nitrés que l'on peut employer dans la fabrication des couleurs d'aniline. On comprend sans peine que cette préparation n'est pas susceptible d'être employée dans la pratique ; il y aurait de grands inconvénients à projeter sur des masses ennemies en mouvement, d'abord de l'essence de térébenthine, puis ensuite de l'acide azotique ou de l'eau régale. On ne serait d'abord pas sûr que les deux réactifs se trouveraient en contact et d'un autre côté il est certain que le transport de l'acide serait très-difficile.

L'essence de térébenthine n'est pas seule à donner cette réaction ; l'huile de résine mise en contact avec l'acide nitrique produit au bout de quelques minutes une violente déflagration, avec augmentation de la température (1).

Peu de temps auparavant, le commandant Niepce de Saint-Victor proposa sous le titre de nouveau feu grégeois l'emploi de la benzine contenant un globule de potassium, le tout renfermé dans des fioles. Les expériences eurent lieu à Paris ; on employa une demi-bouteille d'hydrocarbure qui fut brisée sur un bassin, on eut alors le curieux spectacle d'une nappe d'eau couverte de flammes (*Cosmos*, 5 mai 1854). Il nous semble que cette expérience pourrait être appliquée dans la marine militaire et l'on se demande ce que deviendrait une flottille en mouvement si elle venait à naviguer au milieu de la mer couverte de ce feu.

Certes, nous ne proposerons pas de charger les vaisseaux avec des bouteilles de pétrole ou des boulets de verre creux remplis d'hydrocarbures inflammables contenant du potassium : un accident est si tôt arrivé que l'attaquant pourrait bien être brûlé par son propre feu ; mais nous indiquerons l'emploi des bombes ou obus à percussion, c'est-à-dire une bouteille de fer terminée par un long goulot chargé de poudre ou de dynamite et amorcé avec une capsule au fulminate de mercure. Ce goulot forme une partie séparée de la bouteille et il n'existe aucune communication entre elle et l'intérieur

(1) P. Guyot, *Nouveaux caractères analytiques de l'huile de résine.*

de celle-ci qui est remplie de pétrole ou de benzine. On comprend de suite comment doit agir un pareil projectile; lancé contre les flancs d'un navire, le fulminate éclatant détermine l'inflammation de la poudre qui brise la bouteille, le pétrole qui tombe à la mer est enflammé par le potassium introduit dans l'hydrocarbure. On retrouvera ce procédé employé dans les projectiles aux feux liquides pour les attaques sur terre.

Après Niepce de Saint-Victor, M. Fontaine proposa le même liquide contenant cette fois du phosphure de calcium (1), produit beaucoup plus industriel que le potassium.

3° Du feu fénian.

Qu'est-ce que le feu fénian dont on s'est tant occupé en 1862 et en 1864, pendant la guerre d'Amérique et en Irlande à propos de toutes les tentatives faites par les fénians pour retrouver leur liberté et leur indépendance. Ce feu n'est qu'un liquide contenant du phosphore en dissolution et le plus terrible sera celui qui en aura le plus dissous. On emploie ordinairement le sulfure de carbone qui peut dissoudre dix-huit fois son poids de ce métalloïde (2), mais on peut aussi bien faire usage de pétrole ou de benzine. Ici le dissolvant nous importe peu puisque le feu ne se communique que lorsqu'il est entiè-

(1) Pour les bouées au phosphure de calcium, voir le *Toulonnais* de 1870.

(2) *Journal de pharmacie*, 4ᵉ série, t. IX. p. 237.

rement évaporé ; il n'est employé que pour mettre le phosphore, métalloïde très-inflammable, dans un grand état de division (1). Le phosphore s'enflamme bien vite alors et charbonne les matières sur lesquelles il a été versé. Ce fait est utilisé dans l'industrie pour tracer des caractères indélébiles sur le papier (2).

Que l'on remarque bien ici, que le métalloïde ne fait que charbonner la matière sur laquelle il s'enflamme, il ne la consume pas, les produits de sa combustion s'y opposant tout-à-fait. En effet, le phosphore en brûlant donne naissance à de l'acide phosphorique qui forme une couche vitreuse sur la matière solide où il s'enflamme. Quoique ce liquide ne soit pas suffisant pour mettre le feu, il n'en produirait pas moins de grands effets s'il venait à être versé sur des hommes ; le phosphore en prenant feu sur les mains ou sur le visage brûlerait pour longtemps celui sur lequel l'expérience aurait lieu. En juin 1870, alors que rien ne faisait pressentir les événements qui ont commencé un mois après, nous écrivions au sujet d'une application du feu fénian, sur laquelle nous reviendrons (3), la note suivante :

« Nous croyons que ces mélanges serviront un jour dans les combats, car si on envisage leurs manières d'agir, on voit aisément qu'ils peuvent être employés dans bien des occasions. Quel serait le sort d'une ville si elle venait à être bombardée avec de tels composés que

(1) Proposé par M. R. Wagner, en 1853, pour la confection des allumettes. Voir *Moniteur scientifique*, t. VIII, p. 67.

(2) Brown. *Mechanic's Magazine*, janvier 1862, p. 13.

(3) Voir le chapitre intitulé : *Du nouveau feu fénian.*

l'on ne peut éteindre qu'en les couvrant de sable. Que seraient aussi les effets de pareils mélanges versés sur le gros d'une masse ennemie, soit seuls, soit avec de la mitraille. A côté de ceux qui seraient frappés par le fer et le plomb, il y aurait les soldats couverts par le nouveau feu fénian, qui ne tarderaient pas à en ressentir les effets.

« En admettant que ces produits ne servent qu'à incendier les bois où les forêts dans lesquels l'ennemi pourrait se renfermer, on n'en aurait pas moins obtenu un grand résultat, ce qui en certaines circonstances n'est pas à dédaigner. Avec un feu pareil, une ville assiégée peut interdire à l'ennemi l'entrée du côté de la terre ferme et si elle est défendue naturellement par un cours d'eau, elle peut en faisant usage du feu à la benzine du commandant Niepce de Saint-Victor ou du pétrole au potassium ou au phosphure de calcium de M. Fontaine, se protéger d'une manière formidable contre les assauts de l'ennemi. »

Ah ! oui, cela était beau en juin 1870, alors que nous avions compté sans la couardise des Allemands, qui les empêche de monter à l'assaut ; nous ne comptions pas sur la lâcheté des Bonaparte ; sur les canons à longue portée, sur cette nouvelle manière de faire la guerre qui consiste à tirer sur les édifices publics, à massacrer les femmes, les enfants et les vieillards pour forcer les villes à se rendre, à bombarder les villes ouvertes, et à fusiller le bourgeois qui défend sa maison. Revenons à notre feu fénian.

L'inflammation du phosphore varie beaucoup avec la température. Lorsqu'on veut déterminer le temps nécessaire pour que le métalloïde s'enflamme, à une température donnée, il faut opérer avec du papier Berzélius, dans une chambre sèche, exempte de courants d'air, de vibrations et surtout de fourneaux allumés.

Nous prenons ici pour type le papier Berzélius, parce qu'ordinairement il ne laisse pas de résidu par la calcination et que les autres mèches font aussi varier le temps écoulé avant d'obtenir l'inflammation du phosphore. Les courants d'air et l'humidité agissent aussi sur le phosphore et empêchent ou déterminent son inflammation suivant les cas qui se présentent.

Nous avions tout d'abord composé des tableaux, pour ajouter à ce travail, mais il s'est présenté pendant nos recherches quelques cas particuliers qui demandent un examen plus approfondi de la question. Le temps nous pressant de plus en plus, nous avons mieux aimé les supprimer que de donner ici des indications non complètes et peut-être erronées; nous réservant de traiter plus tard cette question d'une manière complète et définitive.

Si, lorsqu'il est versé sur un corps quelconque, le feu fénian ne s'enflamme pas immédiatement, il n'en est pas de même lorsqu'il est lancé avec force, dans ce cas il détermine une violente explosion et l'inflammation du sulfure de carbone. Louis Figuier rapporte (1) qu'il y a quelques années on a voulu vérifier les propriétés de ce dangereux liquide. Dans ce but on a lancé contre une haute muraille un flacon qui contenait de cette matière inflammable. Il s'est produit aussitôt une violente détonation et un torrent de flammes s'est répandu sur le

(1) *Les merveilles de la science*, t. III, p. 308.

mur avec accompagnement de fumées très-délétères, puisque le sulfure de carbone et la vapeur de phosphore sont de dangereux poisons.

Il en sera donc de même lorsqu'on emploiera le feu fénian dans des boulets creux lancés contre des bâtiments; contre des bataillons ennemis il pourrait bien arriver que les projectiles s'enfonçassent en terre sans éclater ; dans ce cas, je crois qu'il vaudrait mieux faire usage d'obus à deux chambres que l'on trouvera décrits dans un chapitre suivant.

Il est quelquefois nécessaire de pouvoir empêcher le feu fénian de s'enflammer, c'est-à-dire qu'il faut le rendre inoffensif; pour cela il existe un moyen très-simple et instantané. On secoue le liquide avec une dissolution d'un sel métallique, du vitriol bleu par exemple, et si celui-ci a été employé en quantité suffisante, tout le métalloïde passe à l'état de phosphure de cuivre, tandis que le sulfure de carbone vient se réunir en couche limpide à la partie inférieure du mélange. Le sel cuivrique peut être remplacé avec avantage par du plombate ou du zincate de potasse ou de soude (1).

4° Du nouveau feu fénian.

Nous avons vu que le feu fénian péchait par la basse température du phosphore qui est en combustion ; température qui est, comme je l'ai déjà dit, insuffisante pour enflammer les corps combustibles sur lesquels il brûle.

(1) Nicklès, *Mém. de l'Académie de Stanislas*, 1869, p. 146.

Il n'en est plus de même si on lui associe une matière fulminante fixe qui soit capable d'augmenter sa température. Nous prenons par exemple le picrate de potasse.

Introduit dans le feu fénian, ce composé fournit, s'il est en quantité suffisante, une pâte jaune clair qui peut empêcher le sulfure de carbone de verser. C'est un produit excessivement dangereux et très-combustible. Abandonné quelques minutes à lui-même sur une feuille de papier, du linge ou d'autres matières, il s'enflamme lui-même, détone en détruisant ces matières ou eu les enflammant.

Si on abandonne à lui-même un flacon rempli de cette substance, dont on a eu le soin d'enlever le bouchon afin de favoriser l'évaporation du dissolvant, il se produit une violente détonation qui brise le flacon et projette, dans les environs, des fragments de phosphore enflammé excessivement dangereux.

Nous avons obtenu avec ce *nouveau feu fénian* (1) d'assez bons résultats dans une carrière des environs de Nancy. Dans un bloc de pierre nous avons fait creuser un trou plus que suffisant pour contenir un flacon rempli de phosphore, de sulfure de carbone et de picrate potassique ; nous l'avons ensuite fixé au moyen de fragments de pierres et d'un peu de mortier ; après l'avoir débouché, il fut abandonné à lui-même. Au bout d'une dizaine de minutes, il se fit entendre une violente détonation, le flacon fut brisé et le bloc fendu en plusieurs endroits était facile à détacher. On peut encore obtenir

(1) *Science pour tous*, t. XVI, p. 67.

de meilleurs résultats en enfouissant son flacon dans la pierre et en le faisant communiquer avec une mèche qui met le feu à la volonté de l'expérimentateur. Si le flacon n'est rempli qu'à moitié, il se forme avec l'air et le sulfure de carbone un mélange explosif qui augmente encore d'intensité par la présence du phosphore et du picrate.

La poudre de guerre absorbe aussi facilement le feu fénian; elle s'enflamme très-bien par l'évaporation du sulfure de carbone.

Les bombes ou obus au *nouveau feu fénian* sont très-faciles à préparer; la poudre imbibée par la dissolution phosphorée est enflammée par la mèche Bickford employée dans les projectiles ordinaires. Par suite de l'explosion, il y a projection du feu fénian. On sait que dans les obus à percussion, il est inutile de faire usage de mèches; cela vaut mieux, puisqu'alors on a un projectile entièrement fermé et, par conséquent, duquel aucun liquide ne peut s'écouler

On ne peut ici faire usage de dynamite à moins de terminer sa mèche par une capsule anglaise au fulminate de mercure.

5° Du feu fénian sulfurifère ou transformation du feu fénian en feu liquide.

C'est ici que commenceront véritablement les chapitres relatifs aux feux liquides, puisqu'on a pu voir que le feu fénian s'enflammait par l'évaporation du sulfure de carbone ou que le nouveau feu fénian était pâteux, c'est-à-dire ne pouvait pas être versé.

Pour transformer le feu fénian en feu liquide, il suffit
de mélanger le premier avec une substance capable de
fournir une réaction chimique en présence d'un composé que l'on fera intervenir ensuite. Les feux *lorrain*
et *nouveau lorrain* que nous étudierons tout à l'heure
nous montreront le feu fénian mélangé avec les chlorure
ou bromure de soufre (1) composés solubles dans le
sulfure de carbone et susceptibles de fournir une réaction avec l'ammoniaque du commerce. Il faut que cette
réaction se produise avec une forte élévation de température ; or, il arrive bien souvent que l'on n'a pas sous
sa main un composé de soufre et que l'on ne peut avoir
le feu fénian transformé en feu liquide. Dans ce cas, il y
a un moyen bien simple de tourner la difficulté ; il consiste à ajouter à la dissolution sulfocarbonique de phosphore une certaine quantité d'acide sulfurique. Cet acide
n'est pas soluble dans le sulfure de carbone, il tombe au
fond du vase et forme alors une couche limpide. L'ammoniaque versé dans un pareil mélange donne immédiatement un jet de flammes ; le phosphore et le sulfure
brûlent jusqu'à ce qu'il n'y ait plus de liquide. Avec ce
feu fénian sulfurifère, la réaction se passe de la manière
suivante : on sait que l'alcali ne peut exister en présence
de l'huile de vitriol, mais que ces deux composés se
combinent instantanément et fournissent du sulfate
d'ammoniaque en produisant une forte élévation de
température. La chaleur que l'on obtient est plus
que suffisante pour enflammer le phosphore en disso-

(1) P. Guyot, *Etude sur le protobromure de soufre.* Nancy,
in-8°, 1871, p. 1.

lution et pour mettre le feu au sulfure de carbone.

Ayant à indiquer à la Commission d'étude des moyens de défense, un feu facilement transportable à la main et possédant la propriété de s'enflammer à un moment donné, dépendant de la volonté de l'expérimentateur, nous n'avons pas craint de lui proposer le feu fénian sulfurifère comme étant celui qui donne les meilleurs résultats. MM. Naquet, Dormoy, Descombes et Smett qui l'ont vu en expérience, l'ont approuvé entièrement, car ce feu peut se confectionner en quelques minutes, il ne répand pas de fumées délétères à l'air et ne s'enflamme pas à moins d'être mis en présence d'un alcali.

Que l'on fasse communiquer avec un récipient contenant du feu fénian sulfurifère des matières imbibées de pétrole, ou des substances combustibles telles que du bois léger, de la paille ou des approvisionnements de guerre et que le tout soit réuni par une mèche d'étoupe imbibée de pétrole ou d'alcool, on verra, sitôt que l'alcali se trouvera en présence de l'acide sulfurique, une flamme courir avec vitesse du récipient à feu aux matières à incendier, en brûlant le long de la mèche.

Pareille expérience peut être faite avec les feux au chlorure et au bromure de soufre.

6° De l'inflammation du feu fénian sulfurifère.

Le feu fénian sulfurifère s'enflamme en présence de l'alcali volatil, mais il faut dans ce cas prendre une précaution indispensable, c'est de ne verser qu'une goutte d'alcali, lequel en tombant sur le sulfure de carbone qui surnage l'acide, se prend en un globule assez semblable quant à la forme à ceux qui se produisent lorsqu'on projette peu d'eau sur du fer fortement chauffé, et tombe ensuite au fond du vase. Là, il rencontre l'acide, se combine avec lui et met instantément le feu au mélange. Il faut encore avoir la précaution de jeter l'alcali d'un peu haut (10 ou 20 centimètres). Lorsque l'acide est étendu la réaction qui se produit ne donne pas assez de chaleur pour que le phosphore s'enflamme ; aussi n'obtient-on pas l'inflammation d'une mèche imbibée de pétrole lorsqu'on substitue l'acide muriatique à l'huile de vitriol. Mais par contre, l'acide sulfurique en se combinant avec la potasse, la soude, la baryte et la chaux caustique, donne une élévation de température suffisante pour que le phosphore s'enflamme. L'emploi du dernier de ces oxydes, permet encore une modification dans la préparation des bombes ou des obus aux feux liquides.

L'aniline qui peut être substituée à l'alcali volatil et le phénol qui donne de l'acide sulfophénique, déterminent l'inflammation du phosphore et par conséquent celle des matières combustibles environnantes. Le sulfhydrate d'ammoniaque et le sulfure de sodium en cristaux peuvent remplacer l'alcali volatil.

7° *Du feu lorrain.*

C'est à Nancy, dans les premiers jours de l'année 1869, que ce feu a été découvert par M. J. Nicklès, alors professeur à la Faculté des Sciences. Il l'explique dans les termes suivants (1) :

Que l'on mêle du chlorure de soufre du commerce avec du sulfure de carbone tenant du phosphore en dissolution, on obtient un liquide jaune fumant à l'air, qui peut se conserver indéfiniment en vase clos. Mais qu'on ajoute de l'ammoniaque et aussitôt il se manifeste une vive déflagration accompagnée d'une flamme intense et volumineuse qui diminue peu à peu mais qui dure quelque temps. L'alcali volatil du commerce suffit pleinement à cette expérience, qu'il convient de faire au grand air à cause des vapeurs très-fortes qui se dégagent, vapeurs au nombre desquelles figurent l'acide sulfureux, l'acide chlorhydrique et le chlorure de soufre.

Au premier instant, on observe un jet de flamme bientôt remplacé par une combustion régulière dont le soufre et le phosphore font les principaux frais ; deux à trois centimères cubes de liquide suffisent pour occasionner un jet d'un mètre de haut ayant quelques-unes des propriétés des flammes monochromatiques (2).

Pour éviter les longueurs, j'appellerai désormais *feu lorrain,* ce feu nouveau dont l'ammoniaque semble être l'amorce.

Comment agit-elle, comment de l'eau chargée d'ammoniaque peut-elle déterminer l'inflammation du mélange sulfuro-phosphorique et d'où vient la fumée qui accompagne d'ordinaire la réaction ?

Les deux phénomènes sont corrélatifs : lorsqu'on verse

(1) *Revue des cours scientifiques,* du 3 avril 1869.
(2) *Ibid.* du 23 février 1866.

de l'acide chlorhydrique dans de l'ammoniaque, on voit
se dégager une épaisse vapeur blanche résultant de l'u-
nion de l'acide avec l'alcali, lesquels, volatils tous deux,
s'unissent dans l'air pour donner lieu à du sel ammoniac
qui est fixe et se sépare par conséquent en molécules
ténues ; en même temps il y a développement de chaleur,
produit constant de toute neutralisation d'acide.

Or, en faisant réagir de l'ammoniaque sur du chlorure
de soufre, il se passe quelque chose d'analogue ; il y a
neutralisation, dégagement de chaleur, formation de sel
ammoniac ; de plus, il se passe une série de réactions se-
condaires que MM. Fordos et Gélis ont su débrouiller et
qui donnent naissance à des produits plus ou moins volatils, plus ou moins colorés et plus ou moins combustibles, au nombre desquels figure un corps cristallisable de
couleur jaune, le *sulfure d'azote* (1).

L'expérience ne se fait pas facilement dans un amphi-
théâtre sans hotte, à moins d'opérer sur quelques gouttes
seulement, mais en agissant à la cour, au grand air, on
peut produire avec quelques centimètres cubes de liquides, une fumée rouge, formidable, occasionnée par
le grand nombre de composés volatils qui prennent naissance ou qui sont entraînés.

La réaction donne lieu à de la chaleur ; il s'en dégage
beaucoup plus qu'il n'en faudrait pour enflammer le
phosphore ; si donc au lieu de prendre du chlorure de
soufre seulement, nous prenons du chlorure de soufre
tenant du phosphore en dissolution, nous verrons que

(1) *Annales de chimie et de physique,* 3ᵉ série, t. xxxii,
p. 385, 389, 420.

les susdites fumées sont accompagnées de flammes de peu de durée, il est vrai ; mais on peut régulariser cette expérience en ajoutant au chlorure de soufre non pas du phosphore libre, mais une dissolution de phosphore dans le sulfure de carbone ; c'est là le nouveau feu dont nous venons de parler ; sa fumée est moins épaisse, parce que les matières qui occasionnent celle-ci en l'absence du phosphore et par conséquent lorsqu'il n'y a pas de combustion de feu, étant elles-mêmes très-oxydables, entrent en jeu comme le sulfure de carbone et prennent, de leur côté, part à la combustion.

Pour ne pas être atteint par le liquide ou par les flammes, il faut effectuer le mélange avec précaution, surtout lorsqu'on opère sur une certaine quantité de matière ; dans ce cas, il convient de fixer à l'extrémité d'une tige le verre qui contient l'ammoniaque ou tout au moins de le tenir moyennant une pince à bec et de verser à bras tendu.

Si au lieu de verser directement l'ammoniaque dans le mélange sulfuro-phosphorique on se borne à y plonger du papier buvard imprégné d'ammoniaque, l'inflammation ne se produit pas tout de suite, sans doute parce qu'il n'arrive pas, dans l'unité de temps, une quantité suffisante d'alcali pour occasionner l'élévation de température et la vivacité de la réaction qui conviennent au succès de l'expérience.

Voilà un résumé du travail qui fut publié le jour même de la mort de Nicklès ; il fait suffisamment voir, croyons-nous, que le feu lorrain, dont la préparation est très-bien indiquée, n'est proposé que comme expérience de cours et non pas comme pouvant servir dans la guerre. Il était nécessaire pour qu'il puisse en être ainsi de trouver un moyen de transport présentant le double avantage d'empêcher une matière pouvant agir sur le chlorure de soufre de se trouver en sa présence et fournissant cependant de l'alcali volatil au moment où l'on veut que l'inflammation ait lieu. On trouvera ce procédé dans un chapitre suivant.

Si Nicklès n'a indiqué qu'un feu de laboratoire, il n'en a pas moins donné un procédé sûr pour obtenir l'inflammation du feu fénian ; il a donc contribué à transformer ce dernier en feu liquide. Or, que celui-ci se produise avec quelques centimètres cubes de matière ou qu'on opère avec quelques mètres cubes cela n'est pas capital, puisque, dans ce dernier cas, les substances sont les mêmes et dans un même rapport.

8° *Essais sur le feu lorrain.*

Le sulfhydrate d'ammoniaque mis en présence du chlorure de soufre produit des effets analogues à l'ammoniaque caustique ; le carbonate de la même base est bien moins actif.

L'aniline produit aussi l'inflammation du feu lorrain, et il devait en être ainsi puisque dans un travail précédent nous avons montré que cet alcaloïde produisait une forte réaction avec le soufre chloruré, qu'il était en partie résinifié, qu'il y avait une forte élévation de température et production de rouge d'aniline ou fuchsine (1).

(1) *Science pour tous*, t. xv, n° 4, p. 52.

Le feu lorrain, comme les feux liquides modernes, peut se passer, pour son inflammation, de l'intervention d'un corps portant du feu, car il réunit en lui ce qu'il faut pour le développer au moment voulu.

Non-seulement il y a dégagement de chaleur lorsque l'ammoniaque réagit sur le mélange du feu lorrain, mais il y a projection partielle et par conséquent division de la matière, ce qui facilite nécessairement l'inflammation.

Aussi, continue Nicklès, ne réussit-on pas avec le chlorure d'antimoine ou bichlorure d'étain — du moins en petit — bien que ces chlorures s'échauffent en présence de l'ammoniaque. Cependant les chlorures de phosphore se comportent comme celui de soufre ; avec le protochlorure la réaction est d'une violence extrême et sa mise en train demande des précautions plus grandes encore que pour le feu à chlorure de soufre. Je n'ai pas essayé si l'ammoniaque pourrait être remplacée par certaines bases organiques. Le fait est possible, mais outre que la substitution ne serait pas économique, elle ne serait pas non plus pratique, attendu que la solubilité de ces bases dans l'eau est inférieure à celle de l'ammoniaque, de beaucoup la plus soluble de toutes, comme elle est la plus volatile. Bien que développant de la chaleur en présence du chlorure de soufre, la potasse et la soude en dissolution aqueuse sont impropres à provoquer l'inflammation du feu lorrain ; le sulfocyanhydrate d'ammoniaque n'y fait rien non plus, mais le sulfure d'ammonium en dissolution se comporte comme l'ammoniaque caustique.

Nicklès, en essayant les dissolutions d'oxydes alcalins, a, selon nous, voulu rester dans la limite de son feu, qu'il appelait aussi feu liquide, et c'est pour cela qu'il a vu que l'oxyde de potassium de même que celui de so-dium ne pouvaient enflammer le feu lorrain. Il était évi-dent que ces matières donneraient cette réaction : car, en effet, l'eau décompose le chlorure de soufre et la quan-tité d'oxyde en dissolution n'est pas suffisante pour réagir sur le soufre chloruré et non décomposé. Mais s'il avait fait usage d'oxydes solides et caustiques en aussi petite quantité qu'il eût voulu, il aurait obtenu l'inflamma-tion de son feu, puisque la potasse, la soude, la baryte et la chaux donnent un fort dégagement de chaleur avec le chlorure de soufre, base principale du feu lorrain.

9° *Du nouveau feu lorrain* (1).

Lorsqu'on met en présence, dans un flacon bouché à l'émeri, du brôme et un excès de fleurs de soufre, on obtient une bouillie épaisse qui donne par filtration sur de l'amiante, un liquide d'apparence huileuse, rougeâtre, fumant à l'air et possédant une odeur analogue à celle du chlorure de soufre. Ce liquide constitue le protobro-mure de soufre, il a donné à l'analyse :

	Trouvé		Calculé
	I	II	
Brôme....	83.3	82.98	83.33
Soufre....	16.5	16.90	16.67
			100.00

ce qui lui assigne la formule Br.S.

(1) P. Guyot, *Nouveau feu liquide.* Nancy, in-8°, 1871, p. 9.

Traité par de l'ammoniaque ordinaire, ce produit semble être inerte, mais en réalité il n'en est rien, car bientôt il se met à bouillonner avec force et à dégager des torrents de fumées blanches très-épaisses. Il agit donc d'une manière analogue au chlorure de soufre, mais avec cette différence que la réaction ne s'opère qu'au bout de quelques minutes ; elle est donc moins dangereuse pour l'expérimentateur qui a le temps de se retirer.

Le bromure de soufre se mêle parfaitement au sulfure de carbone avec lequel il donne une solution rouge transparente. Dans cet état, le bromure donne avec l'ammoniaque la même réaction que précédemment, seulement la chaleur développée n'est pas suffisante pour enflammer le sulfure de carbone ; celui-ci entre en ébullition, se dégage, mais ne brûle pas.

Il n'en est plus de même lorsqu'on fait intervenir dans la solution une substance excessivement inflammable telle que le phosphore. Si donc, avant de mettre l'ammoniaque en présence de la dissolution sulfocarbonique de bromure de soufre, on y ajoute un morceau de phosphore, le mélange en entrant en ébullition détermine son inflammation et par conséquent celle du sulfure et du soufre employés.

Ce mélange qui constitue un véritable feu liquide auquel nous pouvons donner le nom de *nouveau feu lorrain* (1) est analogue à celui proposé par J. Nicklès (2), mais il a sur lui un grand avantage ; avec le *feu lorrain*

(1) Lettre à la Société chimique de Londres, en date de Nancy 28 avril 1871.

(2) *Mém. de l'Acad. de Stanislas, 1869,* p. 156.

l'ammoniaque produit immédiatement une vive déflagration suivie d'une flamme régulière dont le soufre et le phosphore font les principaux frais. Avec le *nouveau feu lorrain*, au contraire, la déflagration n'a lieu qu'au bout d'une ou deux minutes, ce qui donne le temps à la personne qui fait l'expérience de se mettre à l'abri des projections qui ont inévitablement lieu.

La nouvelle préparation peut se faire de toutes pièces en mélangeant du bromure de soufre et du feu fénian dont on peut faire varier les proportions. Elle devient d'autant plus dangereuse que la quantité de ce dernier est plus forte et qu'elle renferme plus de phosphore. Ici, comme dans la préparation de Nicklès le phosphore ne joue qu'un rôle secondaire, il sert, à cause de sa propriété de s'enflammer à la température ordinaire, à communiquer le feu aux liquides qu'il accompagne. Il n'est pas absolument nécessaire d'employer comme combustible le sulfure de carbone ; d'autres liquides réussissent aussi bien. Le pétrole rectifié, par exemple, donne de bons résultats. On peut cependant faire remarquer ici que le pétrole dissout bien moins de phosphore que le sulfure de carbone ; mais comme il suffit d'une trace de ce métalloïde dans le liquide pour que l'inflammation ait lieu, le choix du dissolvant dépend entièrement de la volonté de l'expérimentateur.

Le bromure de soufre mêlé au feu fénian constitue un liquide rougeâtre fumant à l'air et pouvant se conserver indéfiniment dans un flacon bouché à l'émeri, surtout si on le place à l'abri des rayons solaires. Il peut s'enflammer, mais avec difficulté sans que l'on fasse intervenir l'ammoniaque ; pour cela, il suffit de l'exposer à l'air sur un corps combustible, du papier par exemple, pour que, par l'évaporation du sulfure de carbone, le phosphore s'enflamme. Il agit donc par le feu fénian qu'il renferme, mais avec bien moins d'énergie et d'intensité à cause du bromure de soufre qui empâte le phosphore et en empêche jusqu'à un certain point l'inflammation.

La déflagration qui se produit par l'action de l'alcali volatil est excessivement vive ; il se produit une flamme qui occupe toute la surface du vase dans lequel se fait l'expérience. Souvent aussi, il y a projection de la matière et combustion en dehors du vase dont on se sert. La combustion devient ensuite régulière et dure plus ou moins de temps, selon qu'il y a plus ou moins de liquide inflammable. Les vapeurs qui se dégagent pendant l'expérience sont très-complexes ; elles renferment entre autres produits du gaz sulfureux, du bromure de soufre, de l'anhydride bromhydrique etc., lorsque la combustion est parfaite, il reste comme résidu du soufre et une matière cristalline qui renferme du soufre et du phosphore oxydés.

10° De l'inflammation du nouveau feu lorrain.

L'aniline agit sur le bromure de soufre comme l'ammoniaque ordinaire, il donne alors naissance à un rouge analogue à la fuchsine. Le phénol donne une réaction excessivement vive, une forte élévation de température, dégage de l'acide bromhydrique et donne du soufre qui entre dans la combustion. Il se forme, en outre, des aci-

des bromo, bibromo et tribromophénique selon les proportions employées.

Le sulfure d'ammonium se comporte comme l'alcali volatil ; celui de sodium réagit au bout de quelques minutes.

11° *Essais sur le nouveau feu lorrain.*

Dans le courant de ces recherches, nous avons essayé
de faire intervenir dans la préparation de notre feu liquide une matière solide explosible qui nous aurait
donné une pâte plus facile à manier qu'un liquide, mais
les résultats que nous avons obtenus ne sont point très-
satisfaisants. Nous croyons cependant devoir résumer ce
qui suit :

Le picrate de potasse absorbe facilement le bromure
de soufre et donne une pâte rouge qui ne possède pas
toutes les propriétés séparées des deux composés mis en
usage. Ainsi, en présence de l'ammoniaque, cette pâte
ne fait-elle que de s'échauffer sans produire comme le
bromure seul un bouillonnement caractéristique ; de
plus, la chaleur produite n'est pas suffisante pour faire
détoner le picrate. Un corps enflammé et un simplement en ignition ont du mal de le faire brûler
même à l'air libre. Il en est de même d'une pâte formée avec le nouveau feu lorrain qui a du mal de brûler en présence de l'alcali volatil ; il faut, pour en obtenir
la combustion, ajouter un excès de bromure de soufre,
ce qui ne donne aucun avantage pour la composition du
nouveau produit (1).

(1) Mémoire déjà cité, pages 10 et 11.

12° Des bombes aux feux liquides.

LETTRE AU MINISTRE DE LA GUERRE.

Monsieur le ministre,

Etant à Tours, au mois d'octobre 1870, j'ai eu l'honneur de soumettre à M. le Ministre de l'Intérieur et de la Guerre, puis ensuite à la Commission d'étude des moyens de défense, plusieurs procédés d'inflammation des feux liquides et plusieurs feux découverts quelques mois auparavant. (*Certificat en date de Bordeaux*, 16 mars 1871.) Les expériences qui ont été faites devant les membres de ladite Commission aujourd'hui dissoute, ont, après avoir été approuvées, amené M. le ministre de la guerre à confier à plusieurs personnes la mission périlleuse de tenter des expériences utiles sur les magasins d'approvisionnement prussiens, ses parcs d'artillerie, ses ponts de bois, etc. Le rapport qui a été déposé au ministère, alors qu'il était à Bordeaux, le 23 janvier 1871, résume les résultats obtenus.

En même temps que je faisais connaître cette première proposition, j'ai abordé devant les membres de la même commission la question des nouveaux feux renfermés dans des boulets creux, bombes ou obus. Il n'a pas été donné suite à ce projet, M. le colonel Deshorties ne voulant pas l'examiner sous le prétexte, dit-il, « *que nous n'avions pas de villes à bombarder ou à prendre.*» Après avoir fait remarquer que ce que je proposais pouvait parfaitement être employé contre les bataillons prussiens, j'ai dû m'incliner devant le refus formel fait par des membres de la commission qui ne voulurent pas assister aux expériences et ne me fournirent pas l'occasion de les faire.

Aujourd'hui, les journaux de la Commune de Paris, qui viennent nous trouver jusqu'ici font savoir que les fédérés se proposent d'employer contre les troupes versaillaises, une partie de ces feux simplement proposés contre les Prussiens. Je crois donc qu'il est de mon devoir de protester contre un pareil emploi et de vous faire connaître les questions que j'ai soumises à la Commission d'étude des moyens de défense et dont il a dû être pris note.

En voici un résumé :

1° *Des feux liquides et de leurs modes d'action.*

Les feux liquides que je propose d'employer sont :

1° *Le feu fénian seul*, c'est-à-dire une dissolution de phosphore dans le sulfure de carbone ou le pétrole. Versé ou projeté sur un corps quelconque, il s'enflamme au bout de quelques minutes et charbonne les matières sur lesquelles il est tombé ; tandis que, lorsqu'il est lancé avec force, il prend feu instantanément et peut brûler toutes les matières qu'il environne. Ce dernier cas est celui qui se produirait en le lançant avec des bombes ou des obus.

2° *Le nouveau feu fénian* ou pâte formée de la dissolution précédente, de poudre ordinaire ou de dynamite. Ces matières peuvent être remplacées par du picrate de potasse. Il prend feu lorsque l'obus éclate.

3° *Le feu fénian sulfurifère* ou liquide formé de feu

fénian et d'acide sulfurique. C'est un des mélanges que j'ai proposés à la Commission d'étude des moyens de défense pour l'incendie des magasins d'approvisionnement prussiens. Il ne prend feu que quand il se trouve en présence d'un alcali, donnant par sa combinaison avec l'acide assez de chaleur pour enflammer le feu fénian.

4° *Le feu lorrain* ou mélange de chlorure de soufre, de phosphore et de sulfure de carbone, ne s'enflammant qu'en présence de l'alcali volatil, mais produisant, même pour des quantités minimes, une flamme intense et excessivement chaude.

5° *Le nouveau feu lorrain* ou le feu précédent dans lequel on a substitué le bromure de soufre au chlorure correspondant. Il s'enflamme dans les mêmes conditions que le feu lorrain, il brûle avec la même intensité, mais il possède sur lui un grand avantage, c'est de ne prendre feu qu'au bout de quelques secondes, ce qui, en certains cas, est excessivement précieux.

6° Les deux feux précédents, mélangés à la poudre ordinaire comme dans le nouveau feu fénian.

2° *Des bombes ou obus au feu fénian.*

La préparation des boulets creux au feu fénian est très-facile ; pour cela, on introduit séparément dans le projectile les divers éléments qui composent le feu, c'est-à-dire que le sulfure de carbone étant versé le premier, on ajoute le phosphore en morceaux, puis on ferme l'ouverture à l'aide d'une vis. La dissolution se fait en quelques secondes et on obtient un mélange parfait par le simple transport des bombes ; l'agitation qui se produit alors étant suffisante pour que le sulfure se mêle au phosphore déjà dissous.

Les obus à mèche et à percussion se remplissent de la même façon ; la mèche et le fulminate sont simplement destinés à enflammer la dissolution de phosphore. La mèche qui doit être alors en gutta-percha est terminée par une capsule anglaise au fulminate de mercure.

Ces boulets au feu fénian seront très-peu employés, à moins toutefois qu'étant fracturés, ils laissent écouler le liquide. Ils peuvent servir lorsque la dissolution renfermée dans une bouteille de verre est lancée avec des fusées. Dans ce mode d'emploi on obtiendra des résultats surprenants.

Cependant, pour ne pas employer de vases en verre, je conseillerai plutôt de faire usage de projectiles en fer ou en fonte partagés en deux parties. Dans l'une d'elles, on introduit de la façon qu'il a été dit plus haut le feu liquide, puis on ferme hermétiquement à l'aide d'une vis ; dans l'autre partie on met de la poudre ou plutôt de la dynamite selon le procédé que j'ai eu l'honneur de vous indiquer par la lettre en date de Nancy, 27 avril 1871 (1). La mèche en communiquant le feu à la poudre détermine la rupture du projectile ; le feu liquide peut alors s'échapper et s'enflammer. L'effet cherché est donc obtenu. Le plus souvent la dissolution phosphorée prend feu immédiatement après la rupture de l'enveloppe, à cause de la chaleur produite par l'explosion de la poudre.

(1) Voir à ce sujet le chapitre XIV.

3° *Des bombes ou des obus au nouveau feu fénian.*

Avec le nouveau feu fénian, l'opération est beaucoup plus simple ; la poudre et les petits projectiles étant introduits dans l'obus, on y verse jusqu'à refus d'absorption la dissolution phosphorée, puis on le ferme comme s'il ne se trouvait aucun liquide. La mèche communique le feu à la poudre et au mélange sulfuro-phosphorique.

4° *Des projectiles au feu fénian sulfurifère, au feu lorrain et au nouveau feu lorrain.*

Avec ces feux, la préparation des bombes ou obus se complique un peu ; on introduit toujours le mélange dans l'enveloppe de fonte, puis une mèche en gutta-percha que l'on termine de la façon suivante : un petit cylindre de fonte, creux, fermé à sa partie inférieure, long de dix centimètres et ayant un diamètre de 0,04 est vissé intérieurement dans le projectile ; on place au fond de ce cylindre une ampoule de verre fermée à la lampe d'émailleur, contenant quelques grammes d'ammoniaque, puis une couche de dynamite. La mèche terminée par la capsule au fulminate est ensuite placée de façon que cette dernière soit entourée de matière explosible, puis on achève de remplir avec de la dynamite. Le cylindre est ensuite fermé par une vis au travers de laquelle passe la mèche.

Le feu étant communiqué à la dynamite, la matière fait

explosion et détermine la double rupture de l'enveloppe
du cylindre et de l'ampoule ; l'alcali volatil (ammoniaque)
n'étant plus maintenu par aucune matière solide tombe
dans le liquide, se combine avec l'acide et communique
le feu au mélange employé.

Dans l'obus à percussion, la préparation est modifiée ;
au fond de la cavité où l'on place la matière fulminante,
on introduit son ampoule, puis on charge à la manière
ordinaire.

Il n'est pas absolument nécessaire, avec le feu fénian
sulfurifère, d'employer de l'ammoniaque ; la potasse, la
soude, la baryte et la chaux en morceaux produisent le
même résultat et permettent d'employer des ampoules
excessivement petites. On doit éviter de faire usage des
mêmes oxydes pour les feux « *lorrain* » et « *nouveau
lorrain*, » car on n'obtiendrait alors que de médiocres
résultats.

Pour les fusées, on se sert de bouteilles dans le goulot
desquelles on place une petite éprouvette de verre remplaçant le cylindre de l'obus à mèche ; la poudre y étant
introduite, on la ferme à l'aide d'un bouchon de liége
percé d'un trou dans lequel passe la mèche.

5° *Des projectiles au feu lorrain et au nouveau feu
lorrain contenant une matière explosible.*

Leur chargement a lieu comme dans celui des projectiles au nouveau feu fénian ; la mèche est disposée
comme dans le cas précédent. Ici la poudre explosible
projette le feu dans tous les sens.

Voilà donc, Monsieur le ministre, un résumé aussi court que possible de ce que j'ai proposé au Gouvernement de la Défense Nationale en la personne de quelques-uns des membres de la Commission d'étude des moyens de défense. Les essais en grand n'ont pas été faits, quoique je les ai réclamés longtemps.

L'emploi de ces feux, que veulent faire aujourd'hui les partisans de la Commune, m'a fourni une occasion de revenir sur ce sujet très-important. J'en profite, non-seulement pour vous prier de bien vouloir faire examiner mes propositions, afin que ces bombes puissent être employées dans le cas d'une nouvelle guerre contre l'étranger, mais aussi pour protester de leur emploi contre des Français.

Veuillez agréer, etc.

P. Guyot.

Nancy, le 8 mai 1871.

Aujourd'hui 26 mai, à l'heure où nous recopions ces lignes, aucune réponse ne nous est arrivée du ministère de la guerre ; on ne nous a pas même adressé un accusé de réception. Dans les circonstances que nous traversons, devant les drames auxquels nous assistons tous les jours, nous devons nous taire, et, espérant que cela n'a été que l'oubli du moment, attendre que les choses soient rentrées dans leur état normal, pour avoir une solution à ce que nous avons demandé.

La leçon qui vient d'être infligée aux gouvernements est bien grande. Une partie des membres de la Défense Nationale n'ont pas voulu se servir de nos feux alors qu'ils le pouvaient et qu'ils avaient le droit de le faire.

La Révolution s'en est emparée et la plupart des monuments de Paris en ont été couverts. L'enquête qui se fera certainement, nous apprendra au juste quelle a été la composition de ces feux dont les fédérés se sont servis et s'il ressort qu'ils renfermaient les matières que nous avons indiquées, nous pourrons reprocher à ceux qui ont refusé d'écouter nos propositions au sujet des bombes aux feux liquides, d'avoir commis une grande faute et d'avoir peut-être laissé échapper l'occasion de délivrer Paris. Si on s'en était servi au moment de la reprise des hostilités sur la Loire, qui nous donna la victoire de Bâcon et la ville d'Orléans, on aurait pu, en profitant du trouble qu'un pareil engin n'aurait pas manqué de jeter dans les rangs de l'armée prussienne et en avançant rapidement, être en mesure de donner la main à l'armée assiégée dans ses sorties de la fin du mois de novembre 1870.

Nous avons demandé à M. le général Leflô une enquête au sujet de l'incendie de Paris ; voici en quels termes :

« Monsieur le ministre,

» Lorsque j'appris que les troupes fédérées menaçaient de bombarder les soldats versaillais avec des obus contenant des feux liquides, je m'empressai de vous faire connaître les propositions que j'avais faites au Gouvernement de la Défense Nationale siégeant à Tours, au sujet de ces feux et de la confection des projectiles devant les contenir. Ma lettre est datée du 8 mai 1871.

» Aujourd'hui que les insurgés ont incendié les monuments de notre capitale avec des liquides combustibles,

je viens vous demander, Monsieur le ministre, de bien
vouloir ouvrir une enquête au sujet de la composition
des feux employés et de faire constater s'ils ont un certain rapport avec ceux que j'ai fait connaître.

» Veuillez agréer, etc.   P. GUYOT. »

Nancy, le 25 mai 1871.

Nous attendons la réponse de M. le ministre.

Si nous en croyons les dépêches de l'agence Havas, les
fédérés auraient tiré sur les troupes versaillaises avec
des bombes à pétrole : voici comment on peut les préparer.
On se sert d'un obus à deux compartiments, semblable
à celui que nous avons fait connaître pour le feu fénian,
et on remplace celui-ci par le nouveau liquide combustible. Pour toutes ces matières il vaut bien mieux faire
usage de l'obus à percussion.

13° *Note sur la dynamite* (1).

.... En France, la dynamite est livrée à l'État et au
commerce en caisses de 25 à 30 kilogr. dans lesquelles
sont des cartouches cylindriques longues de 10 centimètres et pesant en moyenne 71 grammes. Les cartouches
sont faites avec du papier gris assez fort pour conserver
les plis de fermeture des côtés. Dans cet état, elles nous ont
fourni l'occasion de constater un fait que l'on n'a pas en-

(1) Lettre au secrétaire perpétuel de l'Académie des sciences
de Paris, en date de Nancy, 2 mai 1871. — *Impartial de l'Est*,
n° 7,721, p. 3 col. 1 et 2.

core examiné, et qui cependant est très-important, puisqu'il peut-être la cause de graves accidents. Lorsqu'on
conserve pendant un certain temps des cartouches séparées ou entassées, le papier qui enveloppe la dynamite
devient huileux, et la tache formée s'étend même aux matières environnantes. Il y a plusieurs mois, nous avons placé
des cartouches soigneusement entourées de papier dans
une boîte en carton, et avons abandonné le tout à lui-même ; ces jours passés ayant besoin de la nouvelle poudre
pour certaines expériences, nous avons trouvé le papier et le carton entièrement mouillés et ayant un toucher
gras. Ce papier détonait lorsqu'il était mis sur des char-
bons ardents ; l'explosion se produisait aussi lorsqu'un
fragment était frappé entre deux masses de fer.

Les taches sont dues à la nitroglycérine que le papier
enlève par suite de sa capillarité ; il se peut donc qu'au
bout d'un certain temps, surtout s'il y a une quantité de papier suffisante, il ne reste plus dans les cartouches que les
matières inertes introduites pour empêcher l'explosion de la
nitroglycérine, et par conséquent pour former de la dynamite. On s'en assure facilement en plaçant de la nouvelle
matière explosible dans un verre de montre et en posant
dessus une bande de papier buvard ; au bout de quelques jours, la poudre ne cède plus rien à l'alcool, preuve
évidente de la disparition de la nitroglycérine. Ce fait est
important, car il se peut encore que les caisses de dynamite, après avoir séjourné quelque temps dans un maga-
sin, soient imprégnées de matière explosible détonant à la
moindre variation de température et qu'alors il se produise de très-graves accidents.

On sait que les fabriques de dynamite livrent des cartouches contenant, à la volonté de l'acheteur, une certaine quantité pour 100 de nitroglycérine ; pour la doser,
on prend un poids donné de dynamite, que l'on traite par
de l'alcool absolu jusqu'à ce qu'il n'enlève plus rien ; le
résidu est ensuite desséché et pesé. La contre-épreuve
se fait en laissant évaporer l'alcool et en pesant la nitroglycérine. Les chiffres obtenus sont ensuite ramenés à
cent. De l'observation qui précède, on conclut facilement
qu'ayant de la dynamite à un certain degré il peut se faire
qu'une analyse exacte accuse un degré beaucoup plus
faible : la différence étant due à l'absorption de la nitroglycérine par le papier servant d'enveloppe.

Les deux faits que nous venons de signaler sont assez
importants pour que les fabricants de dynamite cherchent à
remplacer le papier par une enveloppe non poreuse, mais
présentant cependant les avantages de celui-ci, c'est-à-
dire, pouvant se laisser tasser et prenant sans grand effort
toutes les formes voulues. Il est possible aussi que, dans
la charge d'un trou de mine (1), par exemple, alors que
l'on fait usage du bourroir en bois, l'on obtienne une
explosion par suite, non pas du choc produit par le bourroir sur la dynamite, mais bien par l'action de celui-ci
sur la nitroglycérine absorbée par le papier (Note A)....

(1) Voir, au sujet de la dynamite, notre rapport à M. le ministre de la guerre, daté de Saint-Amand (Cher), 6 mars 1871, et la
réponse du ministre datée de Versailles, 13 avril 1871.

14° *Des projectiles à la dynamite* (1).

L'étude que nous avons été à même de faire sur la dynamite, tant dans les Pyrénées-Orientales que plus tard dans le département du Cher, lorsque le 25e corps d'armée était campé à Saint-Amand-Mont-Rond , nous a montré que la force brisante de cette poudre est bien supérieure à celle de la poudre ordinaire et qu'elle laisse même bien loin derrière elle les poudres aux picrates que l'on peut confectionner.

Partant de cette observation nous avons cru devoir soumettre au ministre de la guerre, la question de l'emploi de la dynamite dans les projectiles creux ; voici comment nous avons soumis notre demande à la commission d'artillerie siégeant alors à Versailles :

La dynamite est introduite dans les projectiles de la même façon que la poudre ordinaire, la mèche est disposée de la même manière, seulement elle doit être terminée d'une tout autre façon. Au lieu de la laisser simplement venir à nue au milieu de la dynamite, il est nécessaire de la terminer par une capsule remplie de fulminate de mercure. Pour cela, on peut se servir des capsules dites anglaises dont on ouvre la partie supérieure ordinairement fermée avec du papier ; dans l'ouverture

(1) Lettre au ministre de la guerre en date de Nancy, 27 avril 1871, et au général directeur de l'artillerie au ministère, datée du 6 mai 1871.

on introduit une des extrémités de la mèche de manière
à mettre en communication la poudre et le fulminate. La
nouvelle mèche étant ainsi préparée, on la place dans
l'obus en ayant le soin d'entourer de dynamite la capsule
explosible. Le projectile se ferme ensuite à la manière
ordinaire.

Dans les obus à percussion, la charge se fait d'une façon semblable à celle de la poudre, seulement la cavité
contenant l'amorce doit être agrandie et la quantité de
fulminate augmentée.

Comme on le voit, la proposition qui précède n'entraî-
nerait que peu de changements dans la confection des
projectiles de guerre et présenterait d'abord un grand
avantage, c'est de diminuer les explosions accidentelles ;
la dynamite possédant la propriété de ne s'enflammer
qu'au contact d'un feu violent, tel que celui produit par
un incendie. L'emploi de cette nouvelle poudre dans les
bombes et les obus, donnerait ensuite un résultat important au point de vue de la guerre ; c'est qu'au moment
où la détonation se produit, les éclats sont projetés avec
une plus grande force et par conséquent à une distance
beaucoup plus grande. Les effets brisants de la dynamite
étant bien supérieurs à ceux de la poudre ordinaire, il est
évident que le projectile sera brisé en une plus grande
quantité d'éclats. Dans ces modes de préparation l'explosion n'a lieu qu'à la suite de la détonation du fulminate.

Voilà un résumé de la lettre que nous avons adres-
sée à M. le ministre de la guerre qui, après nous
avoir fait savoir qu'on lui avait déjà proposé des matières
explosibles plus brisantes que la poudre ordinaire, et

devant servir à charger les projectiles creux, continue sa réponse du 5 mai 1871 dans les termes suivants :

«..... Je me propose de faire étudier ultérieurement cette question, qui peut offrir de l'intérêt, mais dans les circonstances actuelles, je ne puis qu'en ajourner l'examen, une décision ne pouvant être prise qu'à la suite d'expériences.

» Recevez, Monsieur, etc. »

Le ministre de la guerre.

Pour le ministre et par son ordre :

Le général adjoint au directeur.

Certes, nous n'avons pas la prétention de croire que sur une simple proposition à lui faite, M. le ministre de la guerre ordonnera de changer le mode de confection des projectiles de guerre ; mais nous pensons bien qu'il est nécessaire que des expériences eussent lieu. Or, ce sont ces expériences que nous réclamons ici et que nous avons déjà réclamées dans nos lettres des 27 avril et 6 mai 1871.

Quand viendront-elles, nous l'ignorons et personne croyons-nous ne pourrait nous le dire. Par ordre de M. le ministre, et les circonstances actuelles aidant, on ajourne l'examen de notre proposition, cela signifie que quand la guerre civile sera terminée, on fera des expériences. Mais, Dieu sait quand elle le sera.

15° *Des torpilles à la dynamite.*

Nous ne voulons pas terminer cette étude sans dire un mot d'une application que l'on pourrait faire de la dynamite dans la marine ; nous parlons des torpilles. Ces terribles engins dont on a l'habitude de se servir pour la défense des ports sont ordinairement chargés avec du picrate de potasse ou de la poudre ordinaire. Au lieu de ces matières explosibles, nous proposons d'employer la dynamite qui, à poids égal donne un effet utile dix ou douze fois plus grand que celui produit par l'une ou l'autre de ces deux substances.

Pour confectionner ces engins, on peut suivre une méthode analogue à celle employée pour l'introduction de la poudre ordinaire ou du picrate dans les projectiles. On opérerait de même si on voulait faire usage de poudre blanche ou d'Uchatius.

Il s'agit maintenant de communiquer le feu à une torpille de dynamite placée dans la mer, à une grande profondeur :

On sait que la nouvelle substance ne prend pas feu au contact d'un corps enflammé ; mais qu'elle ne détone qu'après l'explosion d'une capsule remplie de fulminate de mercure et encore il faut que la quantité de ce sel soit assez grande, sans quoi la communication de l'explosion ne se fait pas. Etant donc supposé que l'on ait une capsule, il s'agit d'enflammer le fulminate, mais comme on ne peut faire usage de mèche puisqu'il s'agit de met—

tre le feu sous l'eau, on peut se servir d'une machine
électrique et principalement de l'exploseur Bréguet.

Ici, on a une nouvelle difficulté, puisque l'étincelle
électrique ne peut faire détoner le fulminate de mercure,
il faut donc préparer sa capsule en faisant intervenir une
substance capable de prendre feu sous l'influence de
l'électricité et sans faire disparaître le fulminate. Cela est
facile en opérant comme nous l'avons vu faire à Port-
Vendres et comme nous l'avons fait dans la carrière des
Tertres près de Saint-Amand-Mont-Rond, devant M. le
général Pourcet. La capsule anglaise étant décoiffée, on
introduit dans le tube de zinc une petite quantité de poudre ordinaire, puis on mastique, dans l'intérieur du cylindre, deux fils de cuivre devant communiquer aux fils
électriques. On peut encore n'introduire dans le tube de
zinc qu'une très-petite quantité de poudre et fermer la
capsule par une « *experimental fuze* » que l'on se
procure facilement dans le commerce.

16° *Conclusions.*

On a pu voir dans les chapitres qui précèdent que
nous nous sommes appliqué à résumer tous les faits relatifs aux feux liquides qui, se rapportant à la campagne
de France, sont venus à notre connaissance. Nous
aurions cependant pu compléter les détails relatifs au feu
fénian en donnant un tableau indiquant l'action de diver-
ses températures sur la dissolution sulfo-carbonique de
phosphore. C'est volontairement que nous l'avons sup-
primé, ainsi que les notes que nous avions faites sur l'in-

fluence exercée par l'humidité, le frottement, la pression, la nature des mèches, la température des courants d'air et leur vitesse, etc. ; enfin, l'examen d'un produit jaune qui prend naissance lorsqu'on abandonne à elle-même, dans un flacon bouché, une solution de phosphore dans le sulfure de carbone.

Nous aurions donc pu étendre beaucoup plus notre étude, mais ne voulant donner qu'un résumé de ce qui a été proposé par nous, pendant la campagne, au Gouvernement de la Défense Nationale, les autres chapitres devenaient insignifiants, puisque nous faisions connaître les faits pratiques et utiles.

Enfin, nous avons jeté un coup d'œil sur trois applications nouvelles de la dynamite ; seul l'accident arrivé à Toul dans le courant du mois dernier nous a engagé à aborder ce sujet et à faire connaître ce fait important de l'absorption de la nitroglycérine par le papier servant d'enveloppe aux cartouches. Cette note a aussi pour but de faire connaître aux personnes qui se servent de la nouvelle matière, les accidents auxquels elles s'exposent en ne la maniant pas avec précaution et surtout en ne faisant pas attention au feu, sous prétexte qu'elle ne peut détoner que sous l'influence d'une capsule ou d'une forte chaleur. Cette idée que l'on s'est faite de la dynamite est fausse, puisqu'il suffit quelquefois d'une simple augmentation de température pour que l'explosion de la nitroglycérine se produise (1).

Les projectiles à la dynamite seront introduits, croyons-nous, dans la nouvelle artillerie, car quiconque a vu,

(1) Ce passage est modifié par la note A, p. 48.

même une seule fois, les ravages produits par une cartouche contenant de cette poudre, reste convaincu, qu'elle est bien supérieure à toutes celles qui sont connues aujourd'hui.

Pour finir, dans une note sur les torpilles à la dynamite, nous nous sommes appliqué à faire connaître la manière de charger la capsule de fulminate, lorsqu'il s'agit de la faire détoner par une machine électrique. Nous aurions pu encore traiter de nouveaux sujets tels que l'emploi de la même poudre dans les balles explosibles ; mais cela eût été sortir de notre cadre, aussi les avons-nous supprimés et réservés pour une autre occasion.

De l'étude des feux liquides, qui précède, et de l'examen des notes auxquelles nous avons renvoyé les lecteurs, nous pouvons tirer les conclusions suivantes :

1° Les feux inconnus qui ont été étudiés et décrits, ainsi que les faits qui leur sont relatifs, sont :

A — Le nouveau feu fénian ;

B — Le feu fénian sulfurifère ;

C — Le nouveau feu lorrain ;

D — De l'inflammation du feu fénian sulfurifère et du feu lorrain ;

E — Essais sur les deux feux dédiés à notre province;

F — De l'emploi des feux connus dans les projectiles creux.

2° Le feu du commandant Niepce de Saint-Victor, qu'il était impossible d'employer dans un combat naval, si on fait usage de fioles, peut être employé en remplaçant celles-ci par des vases métalliques.

3° Que le nouveau feu fénian est une transformation du liquide phosphoré en une masse pâteuse, assez ferme pour ne pas verser.

4° Que le feu fénian sulfurifère est un liquide qui sert de trait d'union entre les mélanges connus sous les noms de feu fénian et de feux liquides ; qu'il est placé ainsi parce qu'il se prépare au moyen du feu fénian et d'un liquide très-commercial avec lequel le phosphore ne se combine pas.

5° Qu'au contraire les feux liquides renferment une matière fondamentale susceptible de s'unir avec le métalloïde, s'il ne se trouve pas de dissolvant en présence.

6° Que le feu lorrain peut s'enflammer en présence des oxides solides, et principalement de ceux qui sont alcalins ou alcalino-terreux.

7° Que le bromure de soufre peut servir à la préparation d'un feu liquide auquel nous donnons le nom de *nouveau feu lorrain ;* que ce feu possède sur son homonyme l'avantage de ne s'enflammer qu'une ou deux minutes après avoir été préparé.

8° Enfin que les projectiles aux feux liquides sont appelés à jouer un grand rôle dans les prochaines guerres.

NOTE A.

Nancy, le 8 juin 1871.

A Monsieur le rédacteur du *National de l'Est*.

Le treizième chapitre de l'histoire des feux liquides, comprenant une note sur la dynamite, était déjà imprimé, lorsque j'eus connaissance d'une lettre écrite, au nom de M. le directeur de la fabrique de Paulille, par M. A. Hoffer (1). Comme elle se rattache spécialement au sujet que j'ai traité, je vous prie de bien vouloir la publier en guise de supplément. Le lecteur y remarquera que l'emploi du papier, même de celui goudronné, n'existe plus, que l'enveloppe des cartouches est actuellement en parchemin restant sec même après plusieurs années de contact avec la dynamite. Certes en faisant connaître, à propos de l'accident arrivé à Toul, le fait que j'avais constaté, je n'ai eu aucunement l'intention de critiquer la fabrication de la dynamite ; bien loin de là, je n'ai fait que soumettre à l'appréciation des lecteurs une observation tout à fait accidentelle. Enfin, et cela pour défendre les intérêts de la fabrication, j'ai fait connaître les erreurs qui peuvent et doivent en résulter dans l'analyse de la dynamite. Cela étant posé, abordons la lettre de M. A. Hoffer.

(1) Voir *l'Impartial* du 8 juin 1871.

. . . . . . « Disons quelques mots de la fabrication :

La nitroglycérine est bien la base de la dynamite, mais on se tromperait gravement en croyant qu'il est indifférent d'employer tel ou tel corps, pourvu qu'il s'imprègne suffisamment d'huile explosible ; il faut encore que cet absorbant conserve son dépôt, et de plus que sa combustion ne diminue en rien l'effet utile des gaz développés par l'explosion.

La fabrication de la dynamite en France est nouvelle ; elle a été entreprise pour satisfaire surtout aux nécessités du moment et dans des conditions bien peu favorables à l'essor et au développement d'une industrie aussi délicate. Depuis deux mois seulement, la confection, l'emballage et la livraison des produits ont pu être arrêtés et réglés d'une façon bien précise. Les cartouches sur lesquelles a porté l'examen de M. Guyot, officier du génie, avaient été préparées pour la guerre, précipitamment, avec les éléments qu'on avait sous la main. Leur enveloppe était du papier d'emballage ordinaire goudronné. Elles avaient été faites sans machine. L'ouvrière, les mains saturées de dynamite, pliait le papier, le serrait pour le remplir, jetait ensuite sa cartouche sur d'autres également souillées, de sorte que l'enveloppe, très-poreuse par elle-même, était en contact intérieurement et extérieurement avec la matière, et devait à la longue s'imbiber plus ou moins de nytroglycérine. C'était là un inconvénient, mais non un danger ; et il a fallu que ce papier transformé en dynamite ait été chauffé progressivement à 180 degrés pour pouvoir faire explosion. Enflammé brusquement à une de ses extrémités, il eût brûlé tranquillement. Le bourroir en bois ne pourrait le faire détonner; les expériences des célèbres professeurs étrangers Bolley, Kundt et Pestalozzi, dont j'ai l'honneur de vous envoyer le compte rendu, confirment ce que j'avance.

A l'appui du peu de danger de cette apparence grasse du papier, citons l'emploi constant, journalier et sans accident des cartouches en question, par les différents corps du génie, aussi bien dans la campagne contre la Prusse que dans la répression de l'insurrection de la Commune.

Du reste, ce papier n'avait été employé que par suite de l'impossibité de s'en procurer d'autre ; aussi, depuis deux mois, il a été remplacé par un parchemin n'ayant aucun pouvoir absorbant, et restant sec après plusieurs années de contact avec la dynamite : c'est avec cet emballage qu'elle est livrée à l'industrie.

J'espère, monsieur, que ces explications suffiront pour rassurer sur les dangers présumés dans l'emploi d'une matière tout à fait inoffensive, puisque ni le feu, ni les chocs accidentels, dans les conditions ordinaires de son emploi, ne peuvent provoquer son explosion (1)......»

Recevez, etc.

P. Guyot.

(1) Voir le *National de l'Est* du 10 juin 1871, p. 4, col. 2.

Nancy, impr. de Sordoillet et Fils, rue du Faubourg Stanislas, 3,